U0257438

全景图解百科全书
思维导图启蒙典藏
中文版

My First Encyclopedia

西班牙 Sol90 出版公司　编著
高　洁　翻译

QUANJING TUJIE BAIKE QUANSHU
SIWEI DAOTU QIMENG DIANCANG ZHONGWENBAN
ZIRAN JIAYUAN

自然家园

中国农业出版社
北　京

目 录

科罗拉多大峡谷

科罗拉多大峡谷，因科罗拉多河600万年来持续不断地侵蚀而形成，是地球上最令人惊奇的景色之一。它由不同的岩石层组成，这些岩石层在科罗拉多河缓慢的雕刻作用下逐渐显露出来。科学家兼军人约翰·韦斯利·鲍威尔于1869年在印第安霍皮族人的带领下初探此地。

地球的历史

600万年以来，科罗拉多河在美国西南部的高原地区开山辟路。峡谷岩壁上不同的颜色对应着不同时期的古老岩石。峡谷最深地带的岩石形成于17亿年前，那时，地球上唯一的生命体还只是小小的细胞。

技术数据

大峡谷国家公园

位置： 亚利桑那州（美国）

保护情况： 1979 年列入世界遗产名录

面积： 约 4 930 平方千米

生态系统： 拥有丰富的生态系统，从沙漠、半沙漠生态系统到亚高山森林、草原，以及河岸林生态系统

生态巨人

科罗拉多大峡谷长约450千米，平均宽16千米，栖息着约80种哺乳动物、40多种爬行和两栖动物、16种鱼类及300多种鸟类。

差异性

科罗拉多河将国家公园一分为二，南岸比北岸更加干旱。

加州秃鹰

加州秃鹰，因其3米长的翼展成为地球上最大的鸟类之一，20世纪曾一度在大峡谷销声匿迹，但在20世纪90年代又被成功地放归野外。国家公园里其他的代表性动物还有美洲狮、郊狼以及大峡谷特有的一种响尾蛇。

科罗拉多河

科罗拉多河创造了科罗拉多大峡谷，也是北美最长的河流之一。它全长约2 300千米，一直延伸到加利福尼亚湾，汇入太平洋，其中有约350千米流经大峡谷。

大峡谷谷底最深处达到

1 600 米。

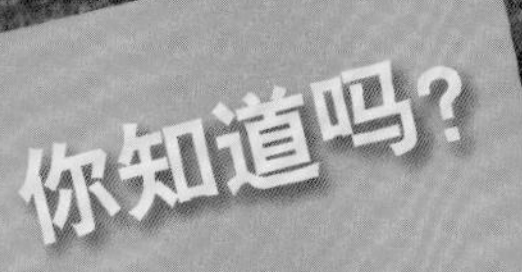

科罗拉多大峡谷比西藏的雅鲁藏布大峡谷规模还要大。雅鲁藏布大峡谷长约504千米，是由水量充沛的雅鲁藏布江冲刷形成的。

开拓者

曾于1901年至1909年期间担任美国总统的西奥多•罗斯福爱好捕猎也热爱大自然，同时也是这座国家公园的创立者之一。

黄石国家公园

黄石国家公园主要位于怀俄明州（美国），是全球最古老的国家公园。黄石公园是一个巨大的火山口，园内有无数种地热景观，拥有地球上三分之二的间歇泉以及数不清的温泉。它被认为是最令人惊奇的自然宝藏之一，不仅仅是因为它的地热活动，还有动物种类及栖息地的多样性。

景色

黄石国家公园坐落于平均海拔2 400米的高原上，园内有著名的温泉区，还有各种其他景观：两个河谷、针叶林、草原和高山。

大棱镜泉

黄石国家公园内的大棱镜泉直径超过90米，深度达50米，是美国最大的温泉。它鲜艳的颜色要归功于湖边聚集着的含有色素的细菌和丰富的矿物质。

热度
中心处水温可达 93 摄氏度。

水
水中含有大量矿物质。

植物
周围地表无植被。

道路
黄石国家公园内的道路长达 2 000 千米。

技术数据

黄石国家公园

位置：美国西北部

保护情况：世界上第一座国家公园（1872 年）

面积：约 8 984 平方千米

生态系统：被草原植被和北方森林覆盖的高原生态系统，且有多种火山活动迹象

瀑布

黄石国家公园的中央有落差高达93米的瀑布。在这里，黄石河的水奔腾而下。

动物群

黄石国家公园面积广大，且拥有多样化的生态系统，动物种群十分丰富，最具有代表性的物种是美洲野牛（如图所示）、灰熊、黑熊、郊狼、灰狼和驼鹿。

黄石国家公园中有
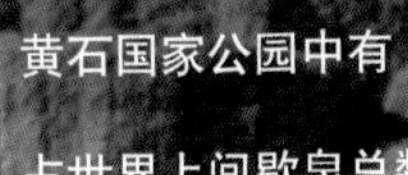

间歇泉，占世界上间歇泉总数的三分之二。

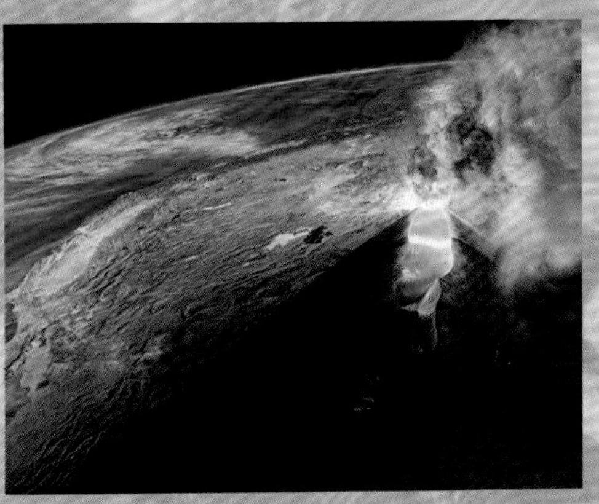

岩浆库

科学家们通过测量地震波推断，岩浆会继续在黄石国家公园堆积，岩浆库长达88千米。

尤卡坦半岛地下湖

尤卡坦半岛上有超过2 000个绝美的天然井或淡水溶洞，是典型的、易被流水侵蚀的石灰岩地质构造。天然井的种类很多，如露天井、半露天井、全地下井及溶洞。在天然井中，你可以欣赏洞穴壁上的史前海洋化石、石笋和钟乳石。

技术数据

圣井

位置：尤卡坦半岛东部（墨西哥）

保护情况：无保护。墨西哥的科学团体敦促联邦政府在产生污染前采取保护措施

生态系统：海洋生态系统，布满钟乳石和石笋的溶洞，以及热带雨林

盲眼动物

栖息在尤卡坦半岛天然井里的水生动物十分独特。因为缺少阳光，大多数动物都没有视力，比如尤卡坦半岛的盲鱼（如图）、盲鼬鱼、盲鳗，甚至很多动物缺乏色素。

奇琴伊察

奇琴伊察的天然井是尤卡坦半岛参观人数最多的天然井之一，距著名的玛雅金字塔不到200米。奇琴伊察天然井直径60米，墙壁垂直高度达15米，内部池塘深13米。玛雅人将其作为举行仪式和活人祭祀的场所。

渗透作用

流水侵蚀土壤里的沉积岩形成溶洞，随后暴露出来。

天然井种类

1 半露天

半露天的天然井形如坛子，上面的出口很小，直径从上井口至水面不断扩大。

2 露天

露天的天然井墙壁垂直，上下通畅。

3 水塘

墙壁在水面之上且分割有缝隙，储有少量雨季留下来的雨水。

4 溶洞

溶洞内部有一片小湖，只有一侧有入口。

卡帕多西亚

卡帕多西亚是一个位于土耳其中部的自然风景区，融合了极具趣味性和复杂性的地理、历史和文化等众多因素。这里最具特色的景观是罕见的尖顶结构。尖顶是由岩浆和岩灰组成的古代高原在经过深度侵蚀后，熔岩冠形成的数以千计的锥形体。

尖顶

卡帕多西亚的山顶由石灰石构成，其特性使得山体内部可以形成岩洞和洞穴，可以用来居住。

你知道吗？

卡帕多西亚的古代居民挖掘并建造了占地面积巨大的地下城，城里有其独创的通风孔道和地下水管道。

可持续性发展

不断增长的游客数量是卡帕多西亚保持发展的决定性因素。最近几十年，卡帕多西亚在保留自然风光和当地文化的基础上建造了许多旅馆，而且，为了保留当地传统，重新振兴了古老的手工业、饮食业、农业及畜牧业。

地区全景

如果有游客想要近距离了解卡帕多西亚如月球般的景色，可以乘坐热气球在空中俯瞰整个地区。

驾驶员在热气球上升过程中操纵热气球水平移动，下降则需依靠气流。

技术数据

卡帕多西亚

位置：土耳其中部

保护情况：格雷梅国家公园及卡帕多西亚的石林于 1985 年被列入世界遗产名录

面积：9 576 公顷

生态系统：严重风化的火山地貌，有草原植被

火山活动

埃尔吉亚斯火山喷发出的火山物质集聚在一起，形成了卡帕多西亚。

拥有奇特地貌的卡帕多西亚占地

9 576 公顷。

原住民

构成卡帕多西亚多孔地表的物质是钙化成的凝灰岩，非常适合人类在此建造房屋。正因为如此，居住在卡帕多西亚的居民大约有100万人。

珠穆朗玛峰

被誉为世界屋脊，海拔8 844米，按照自然规律，这里很难有生物存活。实际上，虽然海拔5 000米以上没有动植物生存，但在珠穆朗玛峰海拔较低的山坡上却有着能适应不同海拔高度、品种丰富的动植物群落。

氧气

氧气在绝大多数攀登珠穆朗玛峰的行动中是不可或缺的。

技术数据

珠穆朗玛峰

位置：中国和尼泊尔边界的喜马拉雅山脉

保护情况：1976 年创立萨加玛塔国家公园，1979 年被列入世界遗产名录

面积：1 244 平方千米

生态系统：高山生态系统

夏尔巴人

夏尔巴人是喜马拉雅山区的居民，信仰佛教，很可能是从北边的中国四川省迁移到这里的。他们非常适应高海拔气候环境，因此，对于高山考察队来说，他们是十分出色的向导和旅伴。

植物及动物

在珠穆朗玛峰高海拔区域，分布最广的植物有冷杉、杜松（如图所示）、银桦及杜鹃。动物则有牦牛和雪豹，它们已经适应了在海拔2 000米至4 000米区域活动。

你知道吗？

由于亚洲板块和印度板块的碰撞，珠穆朗玛峰仍在以每年4毫米的速度上升。

在地球上海拔超过 8 000 米的 **14 座** 山峰中，有 9 座在喜马拉雅山脉，5 座在喀喇昆仑山脉。

登山装备

因为大本营在海拔5 364米，所以，从登山一开始，高山环境就不可避免了。

高山帐篷

高山帐篷可缓冲强风的拍击，将压力减小到最低限度。

双层高山靴

双层高山靴可以抓牢冰层，并起到保暖效果。

冰镐

冰镐是登山的必备工具。

衣物

保暖内衣、裤子、羽绒夹克、防水保暖手套。

开拓者

1953年5月29日，夏尔巴人丹增·诺尔盖和新西兰人埃德蒙·希拉里成为第一批登上珠穆朗玛峰的人。英国人乔治·马洛里和安德鲁·欧文有可能曾于1924年就完成了登顶，但因其在攀登过程中不幸身亡，所以无法确认。

撒哈拉沙漠

撒哈拉沙漠是世界上最大的沙漠，占据了绝大部分北非地区（几乎占非洲大陆的三分之一），而且，因为全球变暖，撒哈拉沙漠每年都会向南扩张，慢慢侵占了原有的草原地带。该地区几乎终年无雨，且十分炎热，因此生物很难在此生存。

高原

撒哈拉沙漠中有三座山地高原：阿哈加尔高原（阿尔及利亚），艾尔高原（尼日尔）以及提贝斯提高原（乍得）。

活化石

撒哈拉沙漠是记录下地球历史的重要地区之一。在这里，沙子和岩石可以向我们栩栩如生地讲述历史，因为它们记录了一次又一次的气候变化以及人类的进步和发展。

沙丘

沙丘是沙子在风力作用下堆积而成的，撒哈拉沙漠的沙丘可高达 180 米。

技术数据

撒哈拉沙漠

位置：非洲北部

保护情况：撒哈拉沙漠上的十一个国家建立了十几个保护区

面积：约 906 万平方千米

生态系统：沙漠、戈壁、绿洲、干旱草原及山地生态系统

单峰驼

单峰驼耐力好，速度快，膝盖和脚踝长有趼子以隔离热沙，驼峰中储有脂肪和水。

沙漠游牧民族

图阿雷格人居住在撒哈拉沙漠，以经商、放牧骆驼、山羊和绵羊为生。

文明

在欧洲的中世纪时期，如今的马里在当时是统治撒哈拉南部边缘地带的一个强大帝国，与从摩洛哥南部前来的柏柏尔人进行贸易。在杰内（马里南部古城），一座与上图中类似的、用黏土搭建的清真寺建于沙漠与大草原之间的交界处。

撒哈拉沙漠的总面积约为

906 万平方千米，

几乎与美国或中国的国土面积相当。

坚强的生物

沙漠动物都是适应恶劣气候的能手，它们面对的是极高的温度和食物的匮乏。因此，在沙漠中间或边缘地带，一小块有水和植被覆盖的绿洲就成了它们聚集的地方。

乞力马扎罗山

位于坦桑尼亚东北部，临近肯尼亚，由三座休眠火山组成：希拉、马文济和基博。乞力马扎罗山海拔5 891米，是非洲的最高点，大量动植物群落栖息在山麓中。随着海拔高度不断上升，山体慢慢呈现如月球表面般坑洼不平的景象。这里也是登山者梦寐以求的观赏山顶日出的绝佳地点。

技术数据

乞力马扎罗山

位置：坦桑尼亚北部

保护情况：乞力马扎罗国家公园，始建于 1973 年。乞力马扎罗山于 1979 年被列入世界遗产名录

面积：约 756 平方千米

生态系统：草原、山地热带雨林、高山冰川及火山生态系统

旅游

每年约有2万人来到这里，并登上山顶，欣赏火山。

冰川消融

因全球变暖，非洲大陆最后的热带冰川——包括乞力马扎罗山和几内亚境内几座山上的热带冰川——将在几年后消失殆尽。近几十年来，冰川的融化速度已逐渐加快。

冰层消融

据估计，2020 年前后，乞力马扎罗山上的永久冰层将不复存在。

1993 年

2003 年

巨大的火山

乞力马扎罗山独自屹立于东非大草原中部，是一座自10万年前就已转为休眠状态的巨大火山。图中是主火山口基博，能看到两个同心圆，内圆是最新形成的，直径1.3千米。

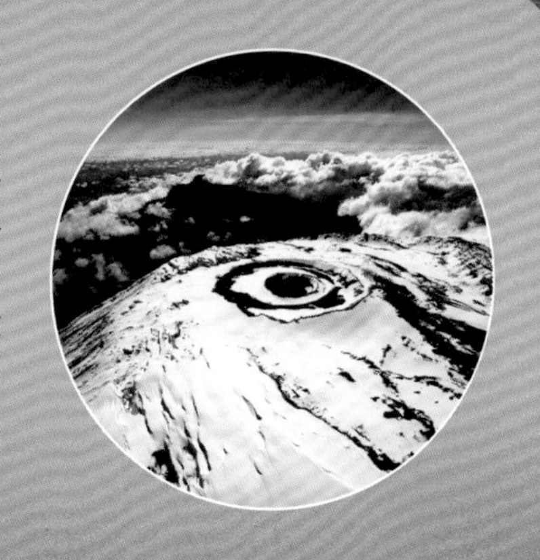

登山
第一位征服乞力马扎罗山的欧洲人于 1889 年登顶，从那时开始，无数登山者就开启了征服这座神秘山峰的冒险之旅。

这个巨大的非洲山峰占地约

756 平方千米。

你知道吗？

马赛人是游牧民族，居住在乞力马扎罗山的森林地带。

从草原到山峰

从拥有非洲大象（如图）等大型哺乳动物的山脚草原，到被高山热带雨林带环绕的顶峰，乞力马扎罗国家公园内有许多属于不同海拔和地带的植被。

巧克力山

巧克力山的景色仿佛人工雕琢，但实际上出于大自然的鬼斧神工。菲律宾境内的巧克力山由无数长满青草的石灰岩山峰组成，它们将地平线分割开来。因山中藏有大量海洋生物化石，人们认为巧克力山是自海底抬升形成的，是强烈的地壳运动的结果。随后的侵蚀作用让巧克力山慢慢成形，并赋予其和谐对称的奇特地貌。

吸引游客

位于菲律宾薄荷岛的这群山丘组成了独一无二的地质形态：总共有1 270座山丘，最引人注目的地方就是它们几乎大小相同，分布在50多平方千米的区域内。在这片区域内，星星点点分布着稻田和当地特有的竹制民居群落。

殖民遗迹

菲律宾群岛从16世纪起即成为西班牙的殖民地，一直持续到1898年。因西班牙统治菲律宾长达三个多世纪，薄荷岛上保留了许多西班牙殖民时期的建筑，特别是军事及教会建筑，如城墙、城堡、教堂和修道院等。

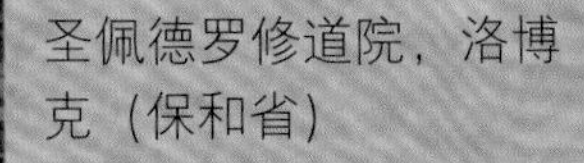

圣佩德罗修道院，洛博克（保和省）

技术数据

巧克力山

位置：薄荷岛（菲律宾）

保护情况：国家级地质遗迹，已被联合国教科文组织提名列入世界遗产名录

面积：50 平方千米

生态系统：钙质丘陵生态系统

棕色

发现山丘的人将其命名为巧克力山，是因为第一次见到它是在旱季，那时山上的枯草给山覆上了一层棕色的外衣。

大眼睛

菲律宾眼镜猴栖息在薄荷岛，体型很小，但眼睛很大，手指很长。虽然眼镜猴无害，但因其外表，被认为是恶魔般的动物，现已濒临灭绝。

传统农作物

山丘间的平原土壤湿润且富含养分，薄荷岛的农民在这里种植水稻和其他谷类作物以及菲律宾的传统作物。

巧克力山的小山丘平均高度为

60米

约斯特谷冰原

位于挪威西南部，是欧洲大陆最大的冰川，海拔2 000多米的一些地方可生成厚达600米的冰层。约斯特谷冰原形成于2 500年前，由于源头有大量降雪，如今仍得以保留。然而，由于全球变暖，很大一部分冰川已经融化，在其50个分支的尽头形成湖泊。

技术数据

约斯特谷冰原

位置：挪威

保护情况：1991 年建立约斯特谷冰原国家公园。冰川融化后汇入的峡湾是世界遗产

面积：815 平方千米

生态系统：冰川、湖泊和峡湾、北方森林和苔原生态系统

峡湾与冰川

峡湾是大自然雕刻的艺术品，是在冰川消融、海水淹没U形山谷时形成的。约斯特谷冰原的南部和北部有两个极深的峡湾，大型船只可以通行。峡湾水域也是海豹、海豚及多种鱼类的栖息地。

冰川消融

2006年，其中一条冰川在短短几个月内高度下降了50米，所有游览活动因此被迫停止。

毛地黄

冰原地区盛产漂亮的管状紫色毛地黄（*Digitalis*）。从花中可提取毛地黄，这是一种被广泛用于治疗心脏病的物质。

你知道吗？

挪威拥有1 600多条冰川，其中70%集中在该国北部地区。

冰川

冰川只在多年积雪量大于融雪量的地方形成。要满足这样的条件，必须要同时结合地形因素和气候因素，使积雪保持常年不融化。

冰川积累区

冰川消融区
这是冰川因积雪或冰层融化和蒸发而消融的区域。

冰舌
在冰川进入山谷的地方形成。

潘恩塔

在智利的巴塔哥尼亚草原上，有一座高度超过3 000米的山峰，这就是潘恩塔。潘恩塔是大自然雕刻出来的作品，山上有种类多样的动物，其中包括美洲豹、原驼和秃鹰。在美国国家地理杂志中，潘恩塔被评为世界最美之地的第五名。现在，潘恩塔位于同名的国家公园之内。●

技术数据

托雷斯·德尔·潘恩国家公园

位置：智利最南端

保护情况：托雷斯·德尔·潘恩国家公园建于1959年，1978年被联合国教科文组织列为生物圈保护区

面积：242 242 公顷

生态系统：山地、森林、冰川、湖泊、河流及瀑布

徒步旅行

公园允许徒步游客滞留六小时左右。

眼镜和手套

保护登山者免受阳光和寒冷的侵袭。

背包

背包要轻便、可调节并且防水。

保留地

这里是当地大约300种植物和50种动物的庇护所。

衣物

衣物要保暖、舒适。

鞋子

应穿防滑鞋以防止摔倒。

拐杖

提供稳定性和抓地性。

灰冰川

这是托雷斯·德尔·潘恩公园内最大的冰川，由来自南巴塔哥尼亚冰原高6千米、宽30米的大冰块组成，是全球第三大饮用水储备地。

你知道吗？

原驼是一种骆驼科的安第斯哺乳动物，在巴塔哥尼亚地区过着群居生活。

这座智利的国家级公园总面积为

242 242公顷。

智利火烈鸟

在托雷斯·德尔·潘恩国家公园内，游客很可能会遇到智利火烈鸟（*Phoenicopterus chilensises*）。这种鸟的特点是长腿、黑喙、特别是成年后呈粉色的羽毛。

南极洲

南极洲是一片独特的大陆，面积比欧洲大，且高度为各大洲之首，平均海拔约2 350米。南极洲97%的面积被冰雪覆盖，虽然降雨量比地球上最干旱的沙漠还少，却储存有世界上近90%的淡水。这里的风速可达327千米/小时，比飓风的风力还要强，历史最低温度为零下89.2摄氏度，也是地球上有记录以来的最低温度。

独一无二的生态系统

南极洲是地球上最大、最珍贵但同时也是最脆弱的自然地区之一。旅游和过度捕捞等人类活动以及气候变化和海洋酸化等全球变化都在威胁着南极的环境，甚至在某些地区已经影响到了南极的自然生态系统。

阿蒙森

在挪威探险家罗尔德·阿蒙森带领下，第一支南极科考队于1911年抵达南极极点。

技术数据

南极洲

位置：环绕地球南极极点的大陆

保护情况：《南极条约》（1959 年）保护着南极洲，禁止开发南极大陆的自然资源，只允许对其进行科学研究

面积：约 1 400 万平方千米

生态系统：冰盖（大陆表面的冰盖）和苔原生态系统

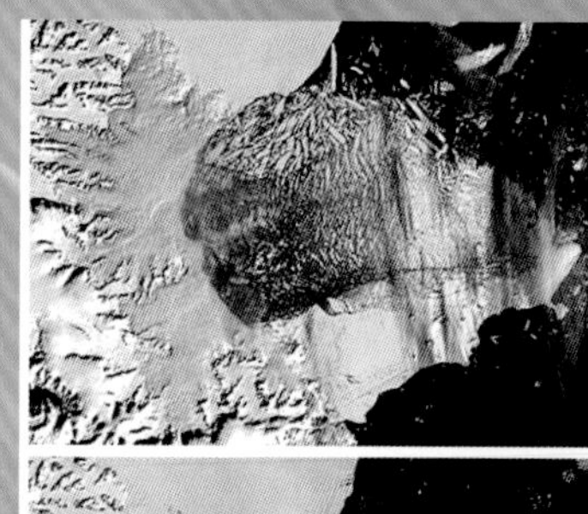

融化

位于南极半岛东海岸的拉森冰架是融化最明显的地区之一。在左边的照片中，我们可以看到20世纪80年代（上图）和2008年（下图）的冰层情况。

冰层下的生命

美国国家航空航天局一项耗资巨大的调查显示，在190米深的冰层下有生命存在：在距离公海20千米的罗斯冰架下发现了游动的甲壳纲、端足目动物（长约8厘米）。

冰层最大厚度约为

4 750 米。

帝企鹅

企鹅家族中个体最大的物种，平均身高115厘米。它们不会飞，栖息在南极洲的冰原以及南极洲周边的冷水中。帝企鹅会挤在一起躲避寒风，保持体温。它们在冰原上度过漫长的冬季，甚至能在如此恶劣的季节繁殖。

塞伦盖蒂

塞伦盖蒂公园是非洲草原生态系统的典型代表，是观察野生动物的天堂。塞伦盖蒂公园坐落于坦桑尼亚北部，是一片广阔的平原。数十种大型食肉和食草哺乳动物在这里繁衍生息，每日、每季都在为生存而斗争。

金合欢
非洲大草原的典型树种，也是长颈鹿最喜欢的食物。

斑纹角马
塞伦盖蒂成名的原因之一是每年的角马大迁徙，有超过 100 万头斑纹角马来到广阔的塞伦盖蒂公园寻找新鲜牧草。

生存

塞伦盖蒂公园是观察不同种群动物间生态学关系的理想环境。斑马和斑纹角马等食草动物会共享领地，一边吃草，一边警惕地看着地平线，以免被狮子、花豹、猎豹或鬣狗袭击。

技术数据

塞伦盖蒂公园
位置：坦桑尼亚（非洲）
保护情况：1951 年被建成国家公园，1981 年被列入世界遗产名录
面积：约 1.47 万平方千米
生态系统：非洲草原生态系统

日期

斑纹角马大迁徙发生在十二月至七月。掠食者在六月至十月出现。

你知道吗？

每年约有9万名游客到塞伦盖蒂公园游览。

斑马

在非洲南部十分普遍，是一种社会性动物，特点是布满躯干、腿部和颈部的条纹。

塞伦盖蒂国家公园的面积约

14 700平方千米。

五种大型动物

狮子、猎豹、大象、黑犀牛和非洲水牛是塞伦盖蒂公园中极为常见的五种大型哺乳动物。19世纪以来，欧洲的探险家和游客都会来此观赏这些生活在非洲草原上的动物，当然，最初他们只是为了狩猎。

狮子

公园里最大的食肉动物，处于大草原食物链金字塔的顶端，晚上狩猎，白天休息。

大象

大象是食草动物，是地球上最大的陆栖动物，其巨大的身形和体重让它可以免受多种食肉动物的威胁，在大草原上生存繁衍。

加拉帕戈斯群岛

位于太平洋上，离厄瓜多尔海岸不到1 000千米。这里是具有传奇色彩的查尔斯·达尔文环球航行的关键点，也为他提出物种起源理论奠定了基础。这些由火山喷发而形成的岛屿有着非常特殊的环境条件，使近2 000种该地区特有物种和谐共存，其中包括著名的巨型陆龟。●

技术数据

加拉帕戈斯群岛

位置：太平洋中东部，隶属厄瓜多尔

保护情况：整座群岛都受国家公园（1959年）的保护，被列入世界遗产（1979年），也是生物圈保护区（1985年）

面积：约 7 800 平方千米

生态系统：岛的内部为火山层，生活在外部海岸的动植物群在与外界隔绝的环境中进化，并已适应当地环境

危险

外来物种是对加拉帕戈斯群岛自然环境的最大威胁。

火山群岛

四五百万年前由火山喷发形成，而后露出海平面。现在，加拉帕戈斯群岛被认为是世界上最活跃的火山群之一。

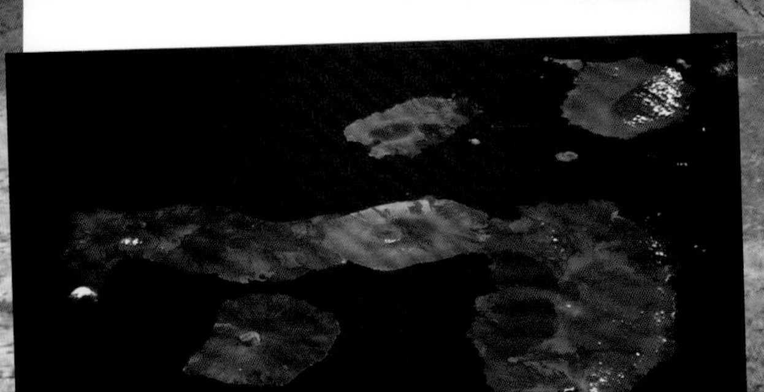

独一无二的动物群

为了适应加拉帕戈斯群岛的环境（如植被稀缺），许多物种都发生了变异。栖息在岛上的动物有：巨龟，又叫加拉帕戈斯象龟，群岛因其而得名；蓝脚鲣鸟；海鬣蜥，唯一一种在海里捕食的鬣蜥；以及加拉帕戈斯企鹅。

海鬣蜥

加拉帕戈斯象龟

蓝脚鲣鸟

费尔南迪纳火山高约

1 494 米。

你知道吗？

加拉帕戈斯群岛有70个陆地观景点，75个海洋观景点，有320多位自然科学家可为你做导游。

达尔文和“小猎犬号”

1835年，包括年轻的查尔斯·达尔文在内的英国科考队搭乘“小猎犬号”在加拉帕戈斯群岛稍作停留。在那里，科学家们仔细研究了岛上一直与世隔绝的动物。这些动物对欧洲人来说十分奇特。达尔文在他的日记中记录了他的所见所闻，比如，有不同龟甲的巨龟以及雀形目鸟类的喙。之后，达尔文回到伦敦，写成了他的著作《物种起源》。

伊贝拉湿地

横贯阿根廷科连特斯省中北部，中间分布着一系列的沼泽地、小溪、数千个池塘和小湖泊。这里栖息了数量巨大、种类丰富的鸟类及其他种类的动物。沼泽地是美洲大陆最重要的淡水储存地之一，而且被认为是拥有世界上最令人印象深刻的野生动物的湿地之一。

你知道吗？

伊贝拉湿地允许放生垂钓，也就是说，钓鱼后要把鱼放回湖里。

技术数据

伊贝拉湿地

位置：阿根廷科连特斯省

保护情况：1983 年成为自然保护区，2002 年加入湿地国际

面积：约 20 000 平方千米

生态系统：池塘、湿地和洼地生态系统，拥有独一无二的动植物群栖息地

伊贝拉湿地的动物

植被中可见大型水生啮齿类动物海狸鼠和水豚（右图）、水獭、与普通浣熊十分相似的南美浣熊（或称食蟹浣熊）、狐狸、鹿、鳄鱼、水龟，以及齿嘴鸟（上图）等多种鸟类。

湖泊与棕榈树

位于伊贝拉湿地的母鲁库雅国家公园里的植物有灰叶椰（右图）、大片的朱丝贵竹、崩断斧以及其他树种。朱丝贵竹非常结实，可长到10米高。爬行动物有各种蛇、小蜥蜴及水龟。母鲁库雅在瓜拉尼语中是一种攀缘植物的名字，叫作西番莲，是阿根廷当地沿海植物，其奇异的花朵可长成可食用水果。

西番莲

湿地

湿地是被水淹没的区域，丰富的水量决定了它的生态结构。

有**350种**鸟类飞经科连特斯省的这片区域。

伊贝拉湿地

伊贝拉湿地是继巴西潘塔纳尔湿地之后，拉丁美洲的第二大湿地。这里分布着大片溪流、洼地、沼泽和池塘，这也让科连特斯省的这片区域成为大量陆地及水生物种的栖息地。

多米尼加红树林

在多米尼加共和国有四种红树林，也就是在湖中、河岸边及热带海岸生长的木本植物森林。它们在生物学和生态学中的地位极其重要，因其水下根系可保护多种鱼群、哺乳动物和无脊椎动物，还可以保护沿海地区免受飓风造成的侵蚀和海潮。

红树林是什么？

红树林指的是一整片红树植物群落，具有水生和陆地植物的双重特点，对极端盐土条件、浸水、土地缺氧和土地松散等情况适应良好。

技术数据

红树林

位置：多米尼加共和国

保护情况：一部分红树林受东部国家公园保护，包括水生红树林和陆生红树林

面积：224 平方千米

生态系统：红树林、海岸及海洋生态系统

红树林种类

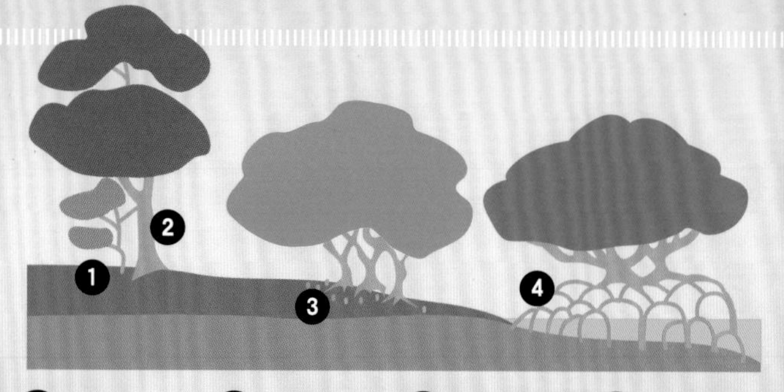

1 海榄雌 最小的红树林，枝干脆弱，1~4 米高。

2 黑皮红树 10~15 米高，根系不外露。

3 白皮红树 根系极长，通常生于沼泽地。

4 真红树 根系分叉，退潮时可以看到。

稳固土地

红树林在保护海岸免受风和海浪侵蚀方面发挥着重要作用。

一种濒危啮齿动物

硬毛鼠（*Capromyidae*）是生活在安德烈斯群岛和加勒比群岛的啮齿类动物，此处有二十多种，有些体重可达7千克，身长可达60厘米。如今，几乎所有硬毛鼠种类都已濒临灭绝。

体重：7千克
食性：食草

全世界红树林的面积共有约

1 500 万公顷，

但正在以每年 1% 的速度消失。

犀牛鬣蜥

拉丁学名*Cyclura cornuta*，身长超过1米，特点是在鼻子上方生长着角状的直立鳞片。人类对其栖息地的破坏以及狗、猫和猫鼬等引进物种带来的威胁使犀牛鬣蜥濒临灭绝。

体重：5千克
食性：食草

阿尔卑斯山脉

欧洲最重要的山脉，在意大利半岛形成了一个长达1 000千米的弧形，也将欧洲大陆分为南北两部分。阿尔卑斯山脉穿过7个国家，山峰陡峭但十分壮观，拥有种类丰富的动物群以及适应所在山谷环境的大量不同种类的植物。

三个区域

阿尔卑斯山脉从地理上可划分为三个区域：西阿尔卑斯山脉，包括瓦莱州和勃朗峰，这一部分横穿瑞士、法国和意大利；中阿尔卑斯山脉，穿过瑞士、法国和意大利，最具代表性的是格劳宾登州和罗莎峰；东阿尔卑斯山脉，最具特色的景观在奥地利和意大利的多洛米蒂山脉和蒂罗尔州。

勃朗峰

阿尔卑斯山脉的最高峰，海拔4 810.06米（2013年9月数据）。山下有一条11.6千米长连接法国和意大利的隧道。

技术数据

阿尔卑斯山脉

位置：欧洲中部

保护情况：所有相邻国家，包括法国、瑞士、意大利、德国、奥地利、斯洛文尼亚和列支敦士登，都在该地区拥有保护区，其中最著名的是瓦娜色国家公园（法国）、大帕拉迪索山（意大利）、阿莱奇自然保护区（瑞士）、高地陶恩山脉（奥地利）

生态系统：高山草原、针叶林和冰川生态系统

圣伯纳犬

阿尔卑斯山脉的典型犬种，温顺且忠诚，血统源于17世纪圣伯纳修道院的饲养犬，当时，人们驯养该犬是为了看家护院和高山救援。自那时到现在，圣伯纳犬已救助了无数登山者。

人口

11%的人口居住在高山地区。罗纳河、上莱茵河、罗伊斯河和提契诺河等大型河流形成的山谷将山脉分开。

雪绒花

拉丁学名*Leontopodium alpinum*，生长在阿尔卑斯山和其他欧洲山脉的高山草原上。花瓣雪白、布满毛刺以抵御寒冷和降雪，是阿尔卑斯山脉的重要象征之一。

阿尔卑斯山脉面积约为

20万平方千米。

阿尔卑斯山脉的森林
针叶树（特别是冷杉），加上山毛榉和栎树，构成了阿尔卑斯山脉森林的主要树种。

野生动物和家畜

因其位置在欧洲中部，阿尔卑斯山脉自古以来就是人口稠密的地区，这使得野生动物必须与羊群、马群，特别是牛群等大型动物群共享领地。

马达加斯加

马达加斯加岛在1.2亿年前与非洲大陆分离，拥有全世界独一无二的、自行发展进化的生物品种。马达加斯加是一个岛国，由于生物多样性指数较高，被联合国环境规划署定为17个巨大多样化国家之一。马达加斯加被印度洋所环绕，与非洲大陆隔海相望，中间是莫桑比克海峡。●

技术数据

马达加斯加

位置：印度洋

保护情况：岛上几个地区已被保护。其中最重要的是黥基·德·贝马拉哈和阿齐那那那区的雨林

面积：约60万平方千米

生态系统：热带雨林、落叶林、红树林、高山草原及沙漠生态系统。

可怕的食肉动物

长岛长尾狸猫（*Cryptoprocta ferox*）是当地特有的一种哺乳动物，栖息在中部干旱的森林里及马达加斯加岛的西部。尾长90厘米，体重可达10千克，是十分敏捷的食肉动物，可以抓到狐猴，甚至能抓到正在飞行的鸟类。

石林

石林是裸露的石灰石，可在森林、甚至海底形成尖锐石峰。它们是由雨水溶解较软岩石的表层而形成的，是变色龙、蝙蝠、狐猴和蛇的栖息之所。

琴吉德贝玛拉哈国家公园（马达加斯加）

你知道吗？

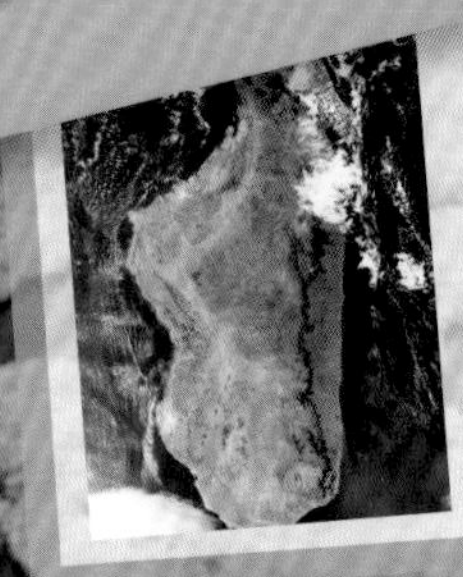

马达加斯加起源于冈瓦纳超级大陆。与非洲大陆分离后，马达加斯加作为独立的大陆发展演变。

狐猴

马达加斯加特有的灵长类动物，尾巴上有环带，是马达加斯加的国宝，栖息在岛上的森林里。

猴面包树

虽然在非洲其他地区以及澳大利亚也存在，但却是马达加斯加的象征之一。猴面包树现有8个品种，其中6个是马达加斯加岛上所特有的。它的花和果实是狐猴的重要食物来源。

奥扎拉热带雨林

虽然刚果共和国的奥扎拉地区在1935年就已成为国家公园，但仍旧是非洲大陆最神秘、且被研究最少的热带雨林生态系统之一。在过去的几千年中，该地区连续且剧烈的气候变化已使奥扎拉由热带雨林变为大草原，但反过来，这种情况也使该地区两种生态条件下的植物互相融合，产生了巨大的生物多样性。

林间空地

林间空地是此地区的特点，空地中常有富含矿物盐的水塘，也是银背大猩猩（拉丁学名*Gorilla gorilla*）的栖息地之一。银背大猩猩是现存最大的灵长类动物，身高可达1.65~1.75米。

人口

该地区人口稀少，属于姆博科族、巴科塔族和蒙高博族，他们以传统农耕或放牧为生。国家公园的主要威胁来自于附近的城市中心以及偷猎活动。

技术数据

奥扎拉热带雨林

位置：中非刚果共和国

保护情况：奥扎拉国家公园建于1935年，1977年成为生物圈保护区

面积：约13 600平方千米

生态系统：热带雨林及草原生态系统

如今，奥扎拉国家公园占地面积约为

13 600平方千米，

海拔约600米。

巨型蝴蝶

在奥扎拉国家公园栖息着非洲巨型蝴蝶。这是非洲大陆最大的蝴蝶，翼展可达23厘米。

非洲森林象

拉丁学名*Loxodonta cyclotis*，是公园中最具代表性的物种之一，对生态系统的健康运转至关重要。非洲森林象的消失会加剧许多其他森林物种的减少。

银背大猩猩

不论是它的名字还是它的栖息地，都可以在奥扎拉国家公园的名单中找到。与它的同类一样，银背大猩猩因埃博拉病毒在其种群中肆虐而濒临灭绝。它的颜色为灰色或棕色，比东部大猩猩颜色浅，体重可达200千克。

七色山

位于阿根廷西北部胡胡伊省，是这以前安第斯地区地质演变的产物。其主山谷——克夫拉达德乌马瓦卡——是世界遗产。数百万年来的侵蚀作用已经将来源不同的沉积层暴露了出来。它那无与伦比的美丽使其成为无数国内外广告的背景。

植被

盐田上的植被包括旱芹、绿茎菊、菊科植物、不同种类的仙人掌以及起毛草。

盐田

萨利纳斯格兰德斯盐田在七色山附近，不深却很广袤，形成于数百万年前。当时的火山活动导致海水覆盖此地区，之后海水蒸发、湖泊干涸，这里开始有了大量的盐储备。如今，此盐田已被开发。

技术数据

七色山

位置：阿根廷西北部

保护情况：2003 年被收入世界自然遗产名录

生态系统：高原（安第斯山脉的干旱高原）、峡谷（山间狭窄道路）、盐田、盐湖生态系统

沙漠

普尔马马卡（Purma-marca）这个单词在艾马拉语中的意思是“沙漠中的村庄”。

当地骆驼

原驼和小羊驼（如图）在200多万年前就已出现在南美洲，估计在3 500年前被驯化为家养动物，以牧草为主食。

体重：35千克
食性：食草

乌马瓦卡谷

这是被不同颜色的山峦包围的一座狭长山谷，山谷中主要的市镇有普尔马马卡、蒂尔卡拉和乌马瓦卡。七色山是该地区最具代表性的地貌景观之一。

你知道吗？

波苏埃洛湖坐落于胡胡伊高原，海拔约3 600米，栖息着约25 000只火烈鸟，这些大型鸟类在湖区筑巢生活。

颜色

七色山颜色变化是因为存在各种氧化物：氧化铜（绿色）、氧化铁（红色）、氧化硫（黄色）、氧化锰（紫色）。

大堡礁

澳大利亚大堡礁长2 000多千米，是世界上最大的珊瑚礁群，通常被称为生物创造的最大结构。事实上，它由约3 000座独立的珊瑚礁和小珊瑚岛组成，外部距离大陆16~160千米，物种极其丰富。在大堡礁中生活的1 500种鱼类中，虾虎鱼是最小的。●

技术数据

大堡礁

位置：澳大利亚东北部及巴布亚新几内亚西南部的珊瑚海。

保护情况：1981 年被收入世界自然遗产名录

面积：约 20 万平方千米

生态系统：珊瑚礁生态系统

游客

大堡礁是潜水爱好者和海洋生物爱好者的天堂。

什么是珊瑚？

珊瑚是由数百万珊瑚虫形成的结构。珊瑚虫是与水母相似的微观生物，固着在海底，与能为其提供食物的海藻及其他海洋植物共生。

珊瑚礁是地球上最多样化的生态系统之一，25%的海洋物种栖息在珊瑚礁海域。

珊瑚礁

大堡礁的珊瑚礁由400多种不同的珊瑚构成。珊瑚礁颜色多变且美丽壮观，但形成该景观的原因并不是珊瑚，而是与其共生的海藻。

珊瑚动物

海洋鱼类有四分之一栖息在地球上各大珊瑚礁海域，其中许多品种，比如著名的小丑鱼，栖息在地球上最大的珊瑚礁大堡礁海域。此外，大堡礁是座头鲸的重要繁殖地，还生活着巨型绿龟等濒危的珍贵爬行动物。

海星

海洋中有2 000种海星，其中大部分生活在大堡礁。海星至少有五个腕，如珊瑚般拥有钙质骨板，身体中央还有供进食的嘴巴。

大白鲨

大堡礁里出色的捕食者，也是古代鲨鱼家族的最后幸存者，栖息在世界各地的热带、温带水域，但在珊瑚礁附近，它们找到了符合自己胃口的食物。

400多种

石珊瑚以及软珊瑚组成了礁石。

塔提奥间歇泉

世界上海拔最高的地热田，坐落在安第斯山脉上，距智利北部圣佩德罗-德阿塔卡马89千米。清晨，因潮湿的火山口温度很高，喷气孔会喷出大量蒸汽，景象蔚为壮观。它周围被高达5 900米的群山环绕。

技术数据

塔提奥间歇泉
位置：智利北部
保护情况：虽然在阿塔卡马地区已经建立了 4 座国家公园和自然保护区，但塔提奥地区仍未得到保护
面积：10 平方千米
生态系统：地热田、沙漠、盐田生态系统

沸腾

间歇泉喷发时形成的水柱有时可达 30 米高，水温高达 86 摄氏度。

兔鼠

与栗鼠属于同一家族。这种啮齿类动物很像兔子，但尾巴明显更长，是阿塔卡马干旱地区的生物之一，非常适应当地的严酷条件。

塔提奥地区有 80 座活间歇泉。

冷热交替

在阿塔卡马，夜晚温度可降至零下25摄氏度，而白天气温可超过30摄氏度。

南半球独一无二的间歇泉

塔提奥间歇泉是南半球最大的间歇泉，世界排名第三，排在黄石国家公园（美国）和巨人泉（俄罗斯）之后，附近有供游客使用的温泉池。

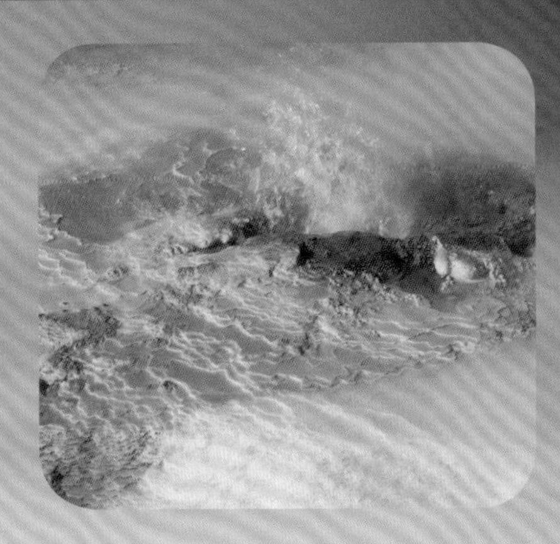

地热田位于海拔**4 320 米**处。

你知道吗？

阿塔卡马沙漠中心的一些区域已有三个多世纪没有下雨了。

地热能源

2008 年，智利政府允许对塔提奥间歇泉进行开发，以便有效利用地热资源。

阿塔卡玛沙漠

阿塔卡玛沙漠面积约96 500平方千米，有各种景观，如火山、盐田、温泉、动物保护区、间歇泉和史前人类绘制的岩画。

堪察加火山

该火山群坐落在俄罗斯最东部的堪察加半岛上，是环太平洋火山带的一部分。不论是从地理学角度，还是生物学角度，数百座活火山加上物种极其丰富的自然环境，都使该地区十分引人注目。

不断变化的景观

在堪察加半岛，熔岩以极快的速度流动，看起来像水，并在每次火山喷发时重塑景观。在地球上已知的540座活火山中，有348座集中在该火山带。伴随这一现象的是最强烈的地震，即板块碰撞。地震与火山喷发不断发生，也不断改变着堪察加半岛的地貌。

火山口的湖

小谢米亚奇克火山的火山口有一片十分美丽的湖泊，但不适合洗浴，因为水温高达66摄氏度，且湖水酸性很大。

技术数据

勘察加火山

位置：俄罗斯东部

保护情况：1996年，堪察加火山这一名字被列入世界自然遗产名录

生态系统：火山环境、针叶林、高山牧场、冰川、河岸生态系统

世界上最大的鹰

由于气候多样、地形多变、海洋和陆地水域丰富，勘察加半岛的生物多样性非常丰富。动物中最具代表性的是虎头海雕（*Haliaeetus pelagicus*），这是地球上体型最大的鹰。

三文鱼

勘察加是世界上三文鱼品种和数量最多的地区。

明信片上的火山

因其完美的圆锥形，克罗诺茨基火山被认为是地球上最美的火山之一。其山坡被由河水和洪流冲刷而成的峡谷分隔开来。山脚下坐落着与火山同名的克罗诺茨基湖。

图书在版编目（CIP）数据

自然家园 / 西班牙Sol90出版公司编著；高洁译
. —北京：中国农业出版社，2019.12
（全景图解百科全书：思维导图启蒙典藏中文版）
ISBN 978-7-109-24983-7

Ⅰ. ①自… Ⅱ. ①西… ②高… Ⅲ. ①自然环境—少
儿读物 Ⅳ. ①X21-49

中国版本图书馆CIP数据核字（2018）第275101号

MY FIRST ENCYCLOPEDIA – New Edition

Natural Havens

IDEA ORIGINAL Joan Ricart
COORDINACIÓN EDITORIAL Nuria Cicero
EDICIÓN Diana Malizia, Alberto Hernández, Joan Soriano
DISEÑO Clara Miralles, Claudia Andrade
CORRECCIÓN Marta Kordon
PRODUCCIÓN Montse Martínez
FUENTES FOTOGRÁFICAS National Geographic; Getty Images,Getty Images - Corbis; Cordon Press; Latinstock; Thinkstock.

全景图解百科全书
思维导图启蒙典藏中文版

自然家园

中国农业出版社出版
地址：北京市朝阳区麦子店街18号楼
邮编：100125
策划编辑：张　志　刘彦博　杨　春
责任编辑：刘彦博　　责任校对：刘彦博　　营销编辑：王庆宁　雷云钊
翻译：高　洁
书籍设计：涿州一晨文化传播有限公司　　封面设计：观止堂_未氓
印刷：鸿博昊天科技有限公司
版次：2019年12月第1版
印次：2019年12月北京第1次印刷
发行：新华书店北京发行所
开本：889mm×1194mm　1/16
印张：3
字数：100千字
定价：45.00元

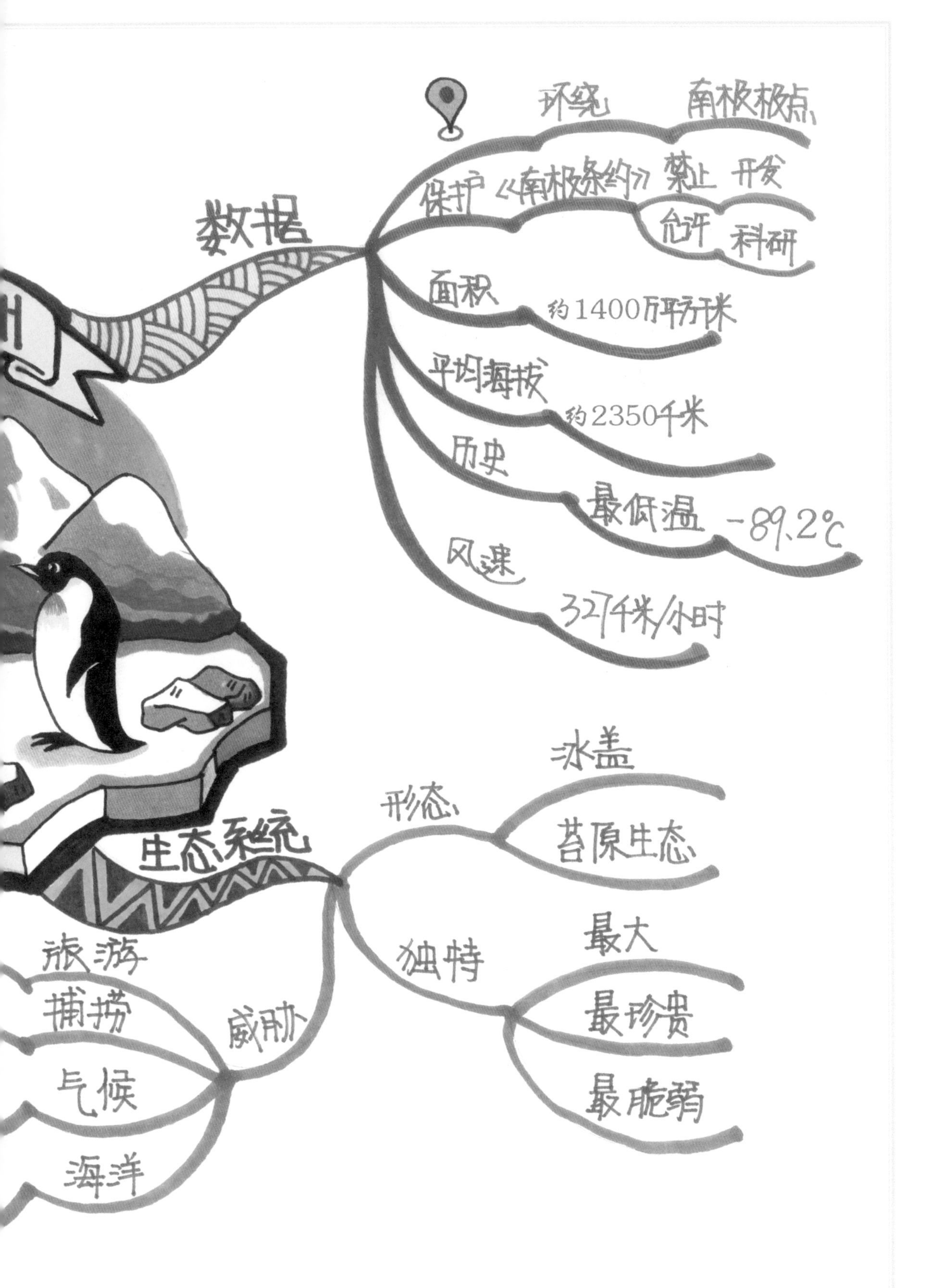
数据
环绕
南极极点
保护《南极条约》禁止 开发
允许 科研
面积
约1400万平方千米
平均海拔
约2350千米
历史
最低温 -89.2℃
风速
327千米/小时
生态系统
形态
冰盖
苔原生态
独特
最大
最珍贵
最脆弱
威胁
旅游
捕捞
气候
海洋

思维导图，让百科学习更高效

思维导图是世界大脑先生、世界创造力智商最高保持者东尼·博赞先生于20世纪70年代发明创造的，被誉为“大脑的瑞士军刀”。根据博赞先生所述：思维导图是一种放射性思维，体现的是人类大脑的自然功能；它以图解的形式和网状的结构，用于储存、组织、优化和输出信息，利用这些自然结构的灵感来提高思维效率。

思维导图的优势

①吸引眼球，令人心动：思维导图是一种带有流动线条与多彩图像的可视化笔记。人的大脑天生就喜欢自然的、有颜色、有图像感的画面，这种形式会让孩子们眼前一亮。

②精准传达，信息明了：思维导图呈现的是一种放射状的结构，线条与线条之间存在着特定的逻辑关系，能够把关键信息点之间的联系清晰地表达出来。

③去芜存菁，简单易懂：绘制过程是对庞大资讯的提炼、理解的过程，通过关键词和关键图像的概括、组织、优化后再“瘦身”输出，让孩子们对资讯内容一目了然。

④视线流动，构建时空：通过这种动态的结构形式可以清晰地看出我们在时间、空间、角度等三个层面的思考轨迹，思想的结果可以随时在图中进行相应的添加与补充。

⑤全貌概括，以图释义：一张思维导图可以概括出整本书的核心要点，即一页掌控的能力。

绘制思维导图的通用操作步骤

①绘制中心主题，即中心图。

②绘制各个部分的大纲主干，并添加其相应内容分支。

③写关键词（边画主干分支边写关键词，二者同步进行）。

④添加插图、代码、符号，体现聚焦原则。

⑤涂颜色，一个大类别一种颜色，相邻两大类别运用对比色，能够帮助大脑在短时间内辨别资讯分类。

用思维导图学习这套百科

这套给孩子们的百科全书，每册精选一个章节的知识内容绘制了一幅思维导图。这些思维导图出自我的“导图工坊”学员之手，可以帮助孩子们快速记忆知识点，直观理解图书内容。经常临摹这些导图，孩子们的思维过程会逐步演化为思维模式，进而形成思维习惯，还可以运用思维导图进行内容的复述，即口头分享：看着导图中的关键词和关键图的提示，运用完整的句子流畅地表达出来。

愿思维导图能够帮助孩子们高效学习、快乐成长！

第八届世界思维导图锦标赛

全球总冠军 **刘艳**

请小朋友从书中选取最感兴趣的页面，试着根据这个页面的内容创作自己的思维导图，画在下面的空白处吧！

调查
航天航空
美国
发现
生命
甲壳纲
端足目动
生物
190米
冰层
20千米
公海
冰架
罗斯
南
最大
企鹅类
帝企鹅
115厘米
平均身高
避寒
集体
保温
科考队
首支
探险
罗尔德·阿蒙森
挪威
1911年
南极极点
南极洲